鸟类天堂白洋淀

鸟类天堂白洋淀

安新县政协文史资料编辑委员会　编

河北大学出版社
·保定·

出 版 人：刘相美
封面题字：朱志齐
责任编辑：陈学志
装帧设计：赵　谦
责任校对：陈浩苏
责任印制：常　凯

图书在版编目（CIP）数据

鸟类天堂白洋淀 / 安新县政协文史资料编辑委员会编 .
-- 保定 ：河北大学出版社，2024.9. -- ISBN 978-7-5666-2393-5

Ⅰ . Q959.708-64

中国国家版本馆 CIP 数据核字第 2024SA5348 号

鸟类天堂白洋淀
NIAOLEI TIANTANG BAIYANGDIAN

出版发行：河北大学出版社
地址：河北省保定市七一东路2666号　邮编：071000
电话：0312-5073003　0312-5073029
网址：www.hbdxcbs.com,
邮箱：hbdxcbs818@163.com
印　　刷：保定市正大印刷有限公司
幅面尺寸：185 mm × 260 mm
字　　数：200千字
印　　张：15.5
版　　次：2024年9月第1版
印　　次：2024年9月第1次印刷
书　　号：ISBN 978-7-5666-2393-5
定　　价：258.00 元

如发现印装质量问题，影响阅读，请与本社联系。
电话：0312-5073023

编委会

序言

鸟是大自然的精灵，是人类的朋友，长期以来与人类朝夕相伴，共同生活在地球上。鸟是区域生态环境的“晴雨表”，其种类和数量的多少直接反映出一个区域生态环境质量的高低。加强鸟类资源研究和保护，对维系全球生物多样性、推进生态文明建设具有非常重要的意义。

2017年雄安新区设立以来，安新县委、县政府坚持把加强白洋淀生态环境治理和保护作为规划和建设的关键环节，白洋淀的生态环境明显改善。环境的改善，吸引了众多鸟类纷纷来白洋淀栖息繁衍。截至2024年5月，白洋淀野生鸟类种群数量已经达到286种，较雄安新区成立之前增加了80种，“华北明珠”白洋淀重现“鸟类天堂”的胜景。

为更好地保护白洋淀野生鸟类，我们精心策划了《鸟类天堂白洋淀》一书。本书得到了安新当地摄影师、爱鸟护鸟人士贺友顺的大力支持。贺友顺同志多年来长期关注白洋淀生态环境变化，用十余年时间记录拍摄白洋淀鸟类150余种，倾注了大量时间和心血，为白洋淀鸟类保护留下了珍贵的历史资料。本书从“春”“夏”“秋”“冬”四季角度对白洋淀鸟类进行了介绍，其中既有青头潜鸭、大鸨等极其珍贵的国家一级重点保护物种，又有大家耳熟能详、比较常见的骨顶鸡、鸊鷉、须浮鸥等白洋淀水禽；既有鸟种特征明显的“免冠照”，以方便读者辨识认知鸟种，也有反映白洋淀自然风光、百鸟翔集的美图，让大家领略白洋淀的独特魅力。

本书在展示丰富多彩鸟类照片的同时，还配有鸟类生态习性的介绍，可以说是图文并茂，内容丰富。希望本书的出版能够使更多的人观鸟、知鸟、爱鸟、护鸟，并积极投身到白洋淀鸟类栖息地的保护工作中，为建设一个人鸟和谐共处、自然风景如画的白洋淀和名副其实的“鸟类天堂”做出更多贡献。

目录

春

夏

秋

冬

春

春

春暖花开，万物复苏。白洋淀焕发出勃勃生机，冰雪开始融化，芦苇生出新芽，与之伴随的是“春江水暖鸭先知”，罗纹鸭、凤头麦鸡变得愈发活跃，在淀水中尽情嬉戏，天空中的飞鸟越来越多，山斑鸠、远东山雀的叫声格外清脆，百鸟嬉戏与碧波荡漾共同编织了一幅动人的春景图。

白枕鹤

白枕鹤别名红面鹤、白顶鹤、土鹤，属于国家一级重点保护动物。全长 120—150 厘米，体型较大。灰白相间；胸和颈前呈灰色；初级飞羽黑色；下颈侧部、下喉及下体呈暗石灰色；尾羽暗灰色，末端具黑色宽横斑；下背、腰部和尾上覆羽转暗石板灰色；虹膜暗褐色，喙黄绿色，脚红色。幼鸟体羽土黄色。

2024 年拍摄于唐河安新流域

白琵鹭

白琵鹭属于国家二级重点保护动物。 体长约 85 厘米，全身羽毛白色，前额下部具橙黄色颈环，胸及头部冠羽黄色，颈、腿均长，胫下部裸露，呈黑色，脚亦较长。

白琵鹭栖息于沼泽地、河滩、苇塘等处，涉水啄食小型动物，有时也食水生植物。每年春、秋迁徙过程中，白琵鹭在白洋淀觅食补充体力。2022 年 3 月份，在白洋淀北际头藕田发现白琵鹭 113 只。

2019 年拍摄于藻苲淀

长耳鸮

长耳鸮属于国家二级重点保护动物。体长约38厘米，体羽棕黄色，上体密布黑褐色粗羽干纹和虫蠹状细斑。耳羽黑褐色，飞羽黑褐或灰褐，尾羽基部棕褐色，胸、上腹及两胁杂以黑褐色羽干纹。

喜欢栖息于针叶林、针阔混交林和阔叶林等各种类型的森林中。以鼠类等小型啮齿类动物为食，也吃小型鸟类、哺乳类动物和大型昆虫。分布于北半球北部的大陆上。在中国除了青海西宁、新疆喀什和天山等少数地区为留鸟外，在其他大部分地区为候鸟。在白洋淀常见于冬季。

2019年拍摄于大田庄村北

小天鹅

小天鹅属于国家二级重点保护动物。体长 110—130 厘米，成鸟遍体雪白，姿态优美，是深受人民喜爱的观赏禽类。

小天鹅在春秋鸟类迁徙季节经常光顾白洋淀，白洋淀藻苲淀、烧车淀、羊角淀等地都有记录。2020 年春，在白洋淀藻苲淀发现有记录以来数量最多、驻留时间最长的 570 余只小天鹅在此补给，时间长达两个月。2024 年春分别在白洋淀萍河口湿地、唐河湿地等处发现 10 余个批次的 600 余只小天鹅在白洋淀中转补给。

2020 拍摄于府河湿地

灰背隼

灰背隼属于国家二级重点保护动物。体长25—33厘米，尾羽上具有宽阔的黑色亚端斑和较窄的白色端斑。后颈为蓝灰色，有一个棕褐色的领圈，成年雄性背部呈现蓝色，并杂有黑斑，是其独有的特点。

栖息于开阔的低山丘陵、山脚平原、森林平原、海岸和森林苔原地带、林缘、林中空地、山岩等地。以小型鸟类、鼠类、昆虫、蜥蜴、蛙和小型蛇类等为食。

几乎遍布世界各地，在中国主要分布在北京、河北、山西等地，在白洋淀为旅鸟。

2022年拍摄于府河湿地

黄喉鹀

黄喉鹀被列入国家林业局2000年8月1日发布的《国家保护的有益的或者有重要经济、科学研究价值的陆生野生动物名录》。体长约15厘米。雄鸟夏羽前额、头顶、头侧和一短的冠羽概为黑色，眉纹自额基至枕侧长而宽阔，前段为白色或黄白色、后段为鲜黄色，有时延伸至枕，明显较前段宽粗。雌鸟和雄鸟相似，但羽色较淡，头部黑色部分转为黄褐色或褐色，眉纹、后枕皮黄色或沙黄色，有时眉纹后段沾黄色，眼先、颊、耳羽、头侧棕褐色。

栖息于开阔、干燥的落叶林或混交林及灌木林；活动于林缘、空旷地和草坡，通常接近溪流；迁徙及越冬于低海拔的平原、丘陵地带的林地、果园、荒地等。在国内繁殖于东北、华北地区，越冬于东部、东南部及台湾。

2022年拍摄于杨孟庄堤段

鸿雁

鸿雁属于国家二级重点保护动物。体长约90厘米，雌雄相似，雌鸟体型略小。成鸟从额基、头顶到后颈正中央暗棕褐色，嘴裂基部有两条棕褐色颚纹。虹膜红褐色或金黄色，嘴黑色，嘴尖淡黄色，跗跖橙黄色或肉红色。雄鸟上喙基部有一疣状突。

3月中旬至4月末迁往繁殖地，9月下旬至10月末迁往越冬地。飞行时常排列成“一”字或“人”字形。栖息于开阔地带的湖泊、水塘、河流、沼泽和海湾及其附近草地和农田。傍晚和夜间觅食。以草本植物的叶、芽以及芦苇、藻类等为食，也吃少量甲壳类和软体动物等动物性食物。

在中国主要繁殖于东北，迁徙时见于新疆北部阿尔泰山脉、西部天山山脉，青海柴达木盆地，河北和河南等地。发现少数在辽宁和河北越冬，在白洋淀为旅鸟。

2023年拍摄于烧车淀即大阳鸟岛

黑翅长脚鹬

黑翅长脚鹬被列入国家林业局2000年8月1日发布的《国家保护的有益的或者有重要经济、科学研究价值的陆生野生动物名录》。体长近40厘米，两条腿很长且呈红色。身体呈白色，颈背具有黑色斑块。

黑翅长脚鹬栖息于开阔平原中的湖泊、浅水塘和沼泽地带，主要以软体动物、环节动物、虾、甲壳类、昆虫、昆虫幼虫及小鱼和蝌蚪等为食。黑翅长脚鹬是白洋淀常见的鸟类，它们经常排成整齐的队伍在湖岸边飞翔，黑翅、白腹、红腿形成鲜明对比，十分好看。因其体型优美，舞姿轻盈，被誉为水上芭蕾舞者。在白洋淀为夏候鸟。

2013 年拍摄于白洋淀旅游码头

扇尾沙锥

扇尾沙锥被列入国家林业局2000年8月1日发布的《国家保护的有益的或者有重要经济、科学研究价值的陆生野生动物名录》。体长24—30厘米，虹膜黑褐色。嘴基黄褐色或红褐色，端部黑褐色，嘴长约为头长的2倍。脚青灰色或黄褐色。头部中央冠纹、眉纹、颊、喉皮黄色。头侧纹、贯眼纹、颊纹黑褐色，近嘴基处的贯眼纹通常较皮黄色眉纹宽。飞行时次级飞羽后缘白色，翼下具明显白色宽带，脚伸出尾端。

单独或小群出现于沼泽、水田、河岸、沟渠等地带，有时聚集上百只，常隐蔽在芦苇草丛中，受惊时跳出做锯齿状飞行，并发出警叫声。空中炫耀时向上攀升并俯冲，外侧尾羽伸出，颤动有声。以蚯蚓、昆虫、螺类及植物种子为食。

在我国见于各地区，在白洋淀为夏候鸟。

2013年拍摄于白洋淀旅游码头

豆雁

豆雁被列入国家林业局2000年8月1日发布的《国家保护的有益的或者有重要经济、科学研究价值的陆生野生动物名录》。体长70—80厘米，上体灰褐色或棕褐色，下体白色，嘴黑褐色、具橘黄色带斑。虹膜褐色，嘴甲和嘴基黑色，嘴甲和鼻孔之间有一橙黄色横斑，脚橙黄色，爪黑色。

豆雁在中国是冬候鸟，还未发现有在中国繁殖的报告。通常每年8月末至9月初即离开繁殖地。国内多省均有分布，我省分布范围较广。

2020年拍摄于府河湿地

反嘴鹬

反嘴鹬被列入国家林业局2000年8月1日发布的《国家保护的有益的或者有重要经济、科学研究价值的陆生野生动物名录》。体长40—45厘米，嘴黑色，细长而向上翘。脚亦较长，青灰色。头顶从前额至后颈黑色，翼尖和翼上及肩部两条带斑黑色，其余体羽白色。

常栖息于平原和半荒漠地区的湖泊、水塘和沼泽地带。单独或成对活动，成群休憩。以小型无脊椎动物为食。繁殖期见于我国北方各地，南迁越冬。在白洋淀为旅鸟。

2020年拍摄于藻苲淀

灰头绿啄木鸟

灰头绿啄木鸟被列入国家林业局2000年8月1日发布的《国家保护的有益的或者有重要经济、科学研究价值的陆生野生动物名录》。体长26—33厘米，嘴灰黑色，雄鸟额基灰色，头顶朱红色，雌鸟头顶黑色，眼先和颚纹黑色，后顶和枕灰色。背灰绿色至橄榄绿色，具白色横斑，下体暗橄榄绿色至灰绿色。

常单独或成对行动，主要以蚂蚁、小蠹虫、天牛幼虫、鳞翅目、鞘翅目、膜翅目等昆虫为食。在我国分布于东北、华北、西南、华东、华南和西北地区。在白洋淀为留鸟。

2019年拍摄于同口村东

绿翅鸭

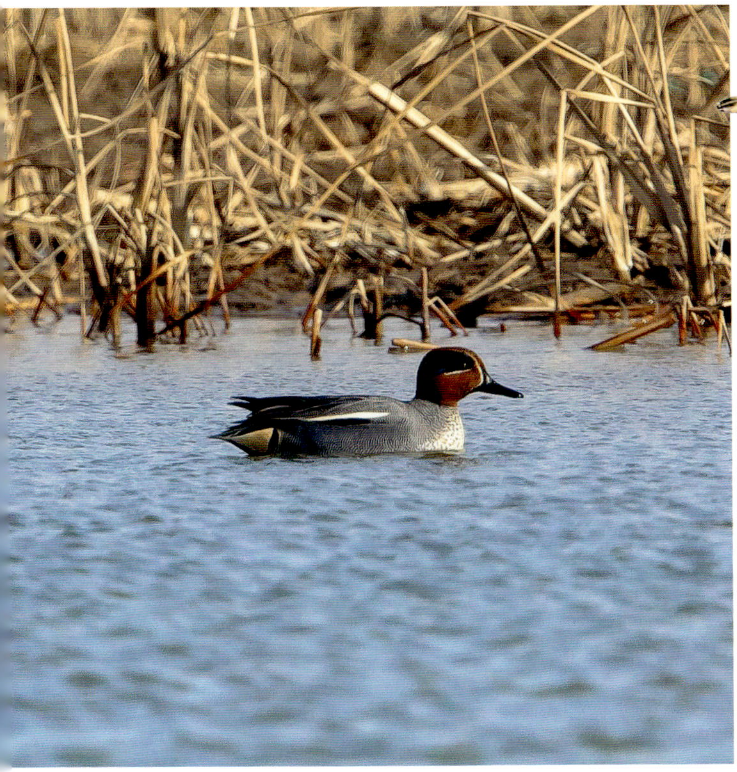

绿翅鸭被列入国家林业局2000年8月1日发布的《国家保护的有益的或者有重要经济、科学研究价值的陆生野生动物名录》。体长约37厘米，雄鸟头至颈部深栗色，从眼开始有一条宽阔的绿色带斑一直延伸至颈侧，尾下覆羽黑色。雌鸟上体暗褐色，下体白色或棕白色，杂以褐色斑点，下腹和两胁具暗褐色斑点。尾下覆羽白色。

栖息在开阔、水生植物茂盛且少干扰的湖泊和沿海地带。主要以植物性食物为主。广泛分布于美洲、欧洲、亚洲和非洲等地。春季迁往我国东北和华北地区，秋季迁往广东沿海一带过冬。在白洋淀为夏候鸟，部分在白洋淀越冬。

2021年拍摄于府河湿地

罗纹鸭

罗纹鸭被列入国家林业局2000年8月1日发布的《国家保护的有益的或者有重要经济、科学研究价值的陆生野生动物名录》。体长40—52厘米，虹膜暗褐色，嘴黑色，脚暗灰色。雄鸟嘴基与前额额交界处有小白斑。头顶至后颈暗栗色，头侧至后颈为具光泽的暗绿色。喉至前颈白色，具黑色颈环。背与两肋灰白色，并杂有黑色波状细纹。背部及体侧黑褐色，并杂有“ V ”形棕色斑。

栖息于河流、湖泊、芦苇沼泽、水库、池塘、水稻田、盐田、河口等地带。主食水生植物的幼芽、嫩叶、种子和藻类、稻谷与秧苗，偶尔也吃水生昆虫、软体动物和甲壳类等小型无脊椎动物。

分布于亚洲东部。在我国除甘肃、新疆外，各地可见。河北省多数湿地有分布。

2022年拍摄于府河湿地

琵嘴鸭

琵嘴鸭被列入国家林业局2000年8月1日发布的《国家保护的有益的或者有重要经济、科学研究价值的陆生野生动物名录》。体长43—51厘米，雄鸟头至上颈暗绿色，背黑色，背的两边以及外侧肩羽和胸白色，且连成一体，脚橙红色，嘴黑色，大而扁平。雌鸟较雄鸟略小，外貌特征亦不及雄鸟明显，也有大而呈铲状的嘴。

栖息于淡水湖畔，亦成群活动于江河、海湾和沿海滩涂盐场等水域。以植物为主食。广泛分布于整个北半球。中国主要繁殖于东北和西北。秋季经华北返回长江以南的越冬地。在白洋淀为夏候鸟。

2022年拍摄于府河湿地

普通秋沙鸭

普通秋沙鸭被列入国家林业局 2000 年 8 月 1 日发布的《国家保护的有益的或者有重要经济、科学研究价值的陆生野生动物名录》。体长 54—68 厘米，雄鸟头和上颈黑褐色、具绿色金属光泽，枕部有短而厚的黑褐色冠羽，使头颈显得较为粗大。下颈、胸以及整个腹部和体侧白色，背黑色，翅有大型白斑，腰和尾灰色。雌鸟额、头顶、枕和后颈棕褐色，头侧、颈侧以及前颈淡棕色，肩羽灰褐色，翅上次级覆羽灰色，颏、喉白色，体两侧灰色而具白斑。

繁殖期栖息于森林和森林附近的江河、湖泊和河口地区，或开阔的高原地区水域。繁殖于欧洲北部、西伯利亚、北美北部和中国西北、东北地区，越冬在繁殖地以南，几乎遍及整个北半球。在白洋淀为旅鸟。

2022 年拍摄于唐河安新流域

星头啄木鸟

星头啄木鸟被列入国家林业局2000年8月1日发布的《国家保护的有益的或者有重要经济、科学研究价值的陆生野生动物名录》。体长14—17.5厘米，雄鸟前额和头顶暗灰色或灰褐色，雌鸟枕侧无红色。鼻羽和眼先污灰白色，眉纹宽阔，白色。下背和腰白色而具黑色横斑，尾上覆羽和中央尾羽黑色，外侧尾羽污白色或棕白色，具黑色横斑。

常单独或成对活动。主要以天牛、小蠹虫、蚂蚁等昆虫为食。在中国分布于黑龙江东南部、吉林长白山、辽宁南部、河北、山西、甘肃、安徽等地，国外分布于印度、缅甸、马来半岛。在白洋淀为留鸟。

2022年拍摄于杨孟庄大堤

红嘴鸥

红嘴鸥被列入国家林业局 2000 年 8 月 1 日发布的《国家保护的有益的或者有重要经济、科学研究价值的陆生野生动物名录》。体长 36—42 厘米。夏羽：头至颈上部咖啡褐色，羽缘微沾黑，眼后缘有一星月形白斑；冬羽：头白色，头顶、后头沾灰，眼前缘及耳区具灰黑色斑，嘴和脚鲜红色，嘴先端稍暗。

常 3—5 成群活动，在海上浮于水面或立于漂浮木或固定物上，或于其他海洋鸟类混群，在鱼群上作燕鸥样盘旋飞行；于陆地时，常停栖于水面或陆地上，以鱼虾、昆虫为食。在中国繁殖于西北部天山西部地区及中国东北部的湿地，近年在白洋淀为旅鸟。

2022 年拍摄于府河湿地

白腰杓鹬

白腰杓鹬被列入国家林业局2000年8月1日发布的《国家保护的有益的或者有重要经济、科学研究价值的陆生野生动物名录》。体长57—63厘米。头顶及上体淡褐色，密被黑褐色羽干纹，自后颈至上背羽干纹增宽，到上背则呈块斑状。翼上覆羽具锯齿形黑褐色羽轴斑。

繁殖于植被丰富的沼泽、多水的草原、农田、开阔谷地，非繁殖期活动于沿海滩涂、海湾、潮间带河口，也会利用湖泊和河流沿岸泥滩，偶至农田觅食。

在中国内蒙古东北部、黑龙江、吉林为夏侯鸟，迁徙时经过我国大部分地区，越冬于长江以南各地，包括海南和台湾，少量度夏于黄海、渤海和东海沿海滩涂。不常见，近年数量呈下降趋势。近年来在白洋淀可见。

2021年拍摄于北际头藕田

凤头麦鸡

凤头麦鸡被列入国家林业局2000年8月1日发布的《国家保护的有益的或者有重要经济、科学研究价值的陆生野生动物名录》。体长28—31厘米。雄鸟夏羽额、头顶和枕黑褐色，头上有黑色反曲的长形羽冠。眼先、眼上和眼后灰白色和白色，并混杂有白色斑纹。眼下黑色，少数个体形成一黑纹。雌鸟和雄鸟基本相似，但头部羽冠稍短，喉部常有白斑。

在中国北部为夏候鸟，南方为冬候鸟，其间（河北以南，长江以北）为旅鸟。栖息于低山丘陵、山脚平原和草原地带的湖泊、水塘、沼泽、溪流和农田地带。繁殖于东北及西北地区，迁徙经除青藏高原西部以外的大部分地区，越冬于秦岭淮河以南地区。近年来开始在白洋淀定居，成为夏候鸟。

2013年拍摄于白洋淀旅游码头

山斑鸠

山斑鸠被列入国家林业局2000年8月1日发布的《国家保护的有益的或者有重要经济、科学研究价值的陆生野生动物名录》。体长28—36厘米。前额和头顶前部蓝灰色，头顶后部至后颈转为棕灰色，颈基两侧各有一块羽缘为蓝灰色的黑羽，形成显著黑灰色颈斑。上背褐色，各羽缘以红褐色；下背和腰蓝灰色，尾上覆羽和尾同为褐色，具蓝灰色羽端，愈向外侧蓝灰色羽端愈宽阔。

栖息于低山丘陵、平原、山地阔叶林、混交林、农田耕地、果园等环境，有时亦见于城市公园。常成对或集小群活动。性较大胆，不甚惧人。有时可见雄鸟在空中盘旋求偶，振翅垂直飞到空中后，再展翅张尾在天空滑翔。觅食时常小步慢踱，边走边吃。除青藏高原外广泛分布于我国各地，在白洋淀为留鸟。

2016年拍摄于北刘庄村西大堤

赤膀鸭

赤膀鸭被列入国家林业局2000年8月1日发布的《国家保护的有益的或者有重要经济、科学研究价值的陆生野生动物名录》。体长50厘米左右。雄鸟繁殖羽前额棕色，头顶亦为棕色而杂有黑褐色斑纹；头侧及头上部浅白色；自嘴基经眼到耳区有一条暗褐色贯眼纹。雌鸟上体暗褐色，具浅棕色边缘；上背和腰羽色深暗，近黑色；翅上覆羽和飞羽暗灰褐色，覆羽具白色羽缘。

繁殖期喜多植被的河口沼泽湿地（淡水或半咸水湿地皆可），喜栖息于高而茂密的挺水植物间，非繁殖期也活动于沿海地带，常至稻田觅食。通常集群活动，常与其他鸭类混群。全国常见。在白洋淀为夏候鸟。

2021年拍摄于同口羊角淀

水鹨

水鹨被列入国家林业局2000年8月1日发布的《国家保护的有益的或者有重要经济、科学研究价值的陆生野生动物名录》。体长15—17.5厘米。上体灰褐色或橄榄色，具不明显的暗褐色纵纹。外侧尾羽具大型白斑，翅下有两条白色横带，下体棕白色或浅棕色。繁殖期喉、胸部沾葡萄红色，胸和两胁微具细的暗色纵纹或斑点。

繁殖于高山的砾石地或草坡；非繁殖期活动于湖泊或河流等水域附近的湿地、沼泽及堤岸，喜近溪流处。常单独活动，在地面快速行走觅食，尾部轻微上下摆动似鹡鸰。停栖时姿势较平。近年来在白洋淀常见。

2018年拍摄于大田庄小鲥鲦淀

黄头鹡鸰

黄头鹡鸰被列入国家林业局2000年8月1日发布的《国家保护的有益的或者有重要经济、科学研究价值的陆生野生动物名录》。体长16—20厘米。雄鸟头鲜黄色，背黑色或灰色，有的后颈在黄色下面还有一窄的黑色领环，腰暗灰色。尾上覆羽和尾羽黑褐色，外侧两对尾羽具大型楔状白斑。 雌鸟额和头侧辉黄色，头顶黄色，羽端杂有少许灰褐色，其余上体黑灰色或灰色、具黄色眉纹。

喜在水边活动。常成对或成小群活动，也见有单独活动的，特别是在觅食时，迁徙季节和冬季，有时也集成大群。分布于除西藏中西部外的全国各地，在东北、西北地区为夏候鸟，华南、西南地区为冬候鸟，其余大部分地区为旅鸟。

2021年拍摄于北际头村藕田

金眶鸻

金眶鸻被列入国家林业局2000年8月1日发布的《国家保护的有益的或者有重要经济、科学研究价值的陆生野生动物名录》。体长14—17厘米。夏羽前额和眉纹白色，额基和头顶前部绒黑色，头顶后部和枕灰褐色，眼先、眼周和眼后耳区黑色，并与额基和头顶前部黑色相连。冬羽额顶和额基黑色全被褐色取代，额呈棕白色或皮黄白色，头顶至上体沙褐色，眼先、眼后至耳覆羽以及胸带暗褐色。

喜在淡水环境活动，常见于沼泽地、水田、河流沿岸等地，有时亦见于河口、盐田等地带。迁徙时亦见于河流、湖泊、水田、沼泽地、海岸或滩涂等环境。常单独或成对活动，偶集小群，较少与其他鸻鹬类混群。

分布于各地的淡水湿地环境。通常为东北、西北、华北、华南等地区的夏候鸟，西南和东南地区的冬候鸟，但北方有部分个体为当地留鸟。在白洋淀为夏候鸟。

2012年拍摄于白洋淀旅游码头

黄腹鹨

黄腹鹨被列入国家林业局2000年8月1日发布的《国家保护的有益的或者有重要经济、科学研究价值的陆生野生动物名录》。体长14—17厘米。体羽似树鹨，但上体褐色浓重，胸及两胁具粗著的黑色纵纹，纵纹浓密，颈侧具近黑色的块斑。

繁殖于多砾石的高山或亚高山苔原，可至海拔2400米；非繁殖期活动于平原的开阔湿地、沼泽、河岸、耕地及海岸附近。单独或集小群活动，在地面快速行走觅食，尾部轻微上下摆动似鹡鸰。繁殖于东北，南迁越冬于长江以南大部分地区。

2022年拍摄于藻苲淀

青脚滨鹬

青脚滨鹬被列入国家林业局2000年8月1日发布的《国家保护的有益的或者有重要经济、科学研究价值的陆生野生动物名录》。体长13—15厘米。整体偏灰色、喙黑色、青绿色跗跖较短的小型滨鹬。繁殖羽头部深灰色具不明显褐色斑纹；胸部具深灰色斑块，腹部白色无斑纹；背部深灰色具黑色杂斑。

常栖息于沿海滩涂、河口、湖泊、沼泽等生境。繁殖于欧亚大陆极北部，主要在非洲及亚洲中低纬度越冬。国内见于各省，于南部沿海省份为冬候鸟，在其余地方为旅鸟。

2020年拍摄于北际头藕田

林鹬

林鹬被列入国家林业局2000年8月1日发布的《国家保护的有益的或者有重要经济、科学研究价值的陆生野生动物名录》。体长19—23厘米。繁殖羽头部具明显白色眉纹；胸部具明显黑褐色斑纹；腹部白色少斑纹；背部具明显黑色、褐色杂斑。非繁殖羽胸部偏白色少斑纹。飞行时尾端具明显斑纹，跗跖伸出尾后较长。

常栖息于沼泽、湖泊、河流等地带。繁殖于欧亚大陆北部，越冬于非洲、南亚及东南亚和澳大利亚。国内见于各省，于东北和西北地区为夏候鸟，于包括海南与台湾在内的东南沿海省份为冬候鸟。白洋淀常见于春秋两季。

2020年拍摄于北际头藕田

青脚鹬

青脚鹬被列入国家林业局2000年8月1日发布的《国家保护的有益的或者有重要经济、科学研究价值的陆生野生动物名录》。体长30—35厘米。整体较粗壮，青灰色的喙亦较粗壮且略上翘。繁殖羽头部、胸部、腹部具灰黑色点状斑纹，背部具黑斑。非繁殖羽整体偏白；胸部、腹部多白色而少斑纹；背部灰色而少杂斑。常栖息于沿海滩涂、内陆沼泽、河流等生境。

繁殖于欧亚大陆北部，越冬于除美洲外的中低纬度地区。国内见于各省，为多数地区的旅鸟和包括台湾与海南在内的长江以南地区的冬候鸟。

2020年拍摄于北际头藕田

大山雀

大山雀被列入国家林业局2000年8月1日发布的《国家保护的有益的或者有重要经济、科学研究价值的陆生野生动物名录》。体长13—15厘米，前额、眼先、头顶、枕和后颈上部辉蓝黑色，眼以下呈一近似三角形的白斑，上背和两肩黄绿色，下背至尾上覆羽蓝灰色，中央一对尾羽亦为蓝灰色，羽干黑色。

大山雀在国际上分布于东亚、东南亚，在中国分布于东北、华北、华中、华东、华南、青藏高原。喜欢柄栖息在低山和山麓地带的次生阔叶林、阔叶林和针阔叶混交林中，也适应人工林和针叶林。雄安新区大面积造林的增加，吸引了越来越多的大山雀。

2022年拍摄于新安北堤

燕雀

燕雀被列入国家林业局2000年8月1日发布的《国家保护的有益的或者有重要经济、科学研究价值的陆生野生动物名录》。体长13—16厘米。雄鸟繁殖羽额、头顶、头侧、枕、后颈、背、内侧次级飞羽和三级飞羽以及最长的尾上覆羽灰黑色，或多或少缀有蓝色。雌鸟春夏羽羽色和雄鸟相似，但较雄鸟淡，上体黑色部分被褐色取代，且具淡色羽缘，头和背部具不明显的纵纹。秋冬羽羽色和雄鸟秋羽相似，但羽色较暗、不及雄鸟鲜亮。

栖息于中低海拔的针叶林、混交林、阔叶林，也见于次生林、农田、公园等环境。非繁殖期集大群活动，在树上栖息或觅食，然后群飞至地面，复又飞回树上。除西藏、海南外，见于各地。在白洋淀为留鸟。

2022年拍摄于杨孟庄大堤

红肋蓝尾鸲

红肋蓝尾鸲被列入国家林业局 2000 年 8 月 1 日发布的《国家保护的有益的或者有重要经济、科学研究价值的陆生野生动物名录》。体长 12—14 厘米。雄鸟上体从头顶至尾上覆羽包括两翅内侧覆羽表面灰蓝色，头顶两侧、翅上小覆羽和尾上覆羽特别鲜亮呈蓝色。 雌鸟上体橄榄褐色，腰和尾上覆羽灰蓝色，尾黑褐色外表亦沾灰蓝色。

繁殖期常在海拔 1000 米以上的山地针叶林、针阔叶混交林和林缘灌丛地带活动，迁徙及越冬时亦至低山丘陵、山脚平原的次生林、竹林、疏林灌丛及路边灌丛。常单独或成对活动，迁徙时有时可见小群活动。华北、东北、青海、甘肃等地有繁殖记录，长江以南地区可见越冬个体，迁徙时见于各地。

2022 年拍摄于杨孟庄大堤

夏

夏

夏天是白洋淀最具生命力的时候，碧波荡漾，荷红苇绿，呈现出北国江南的绝美画卷。白洋淀有一句谚语——立夏百鸟全。此时鸟类最为活跃，品种最丰富。幼小的白眼潜鸭跟着母亲穿梭在荷花淀中，一群白鹭在淀边翩翩起舞，翠鸟时不时发出欢快的叫声。荷塘苇海，百鸟翔集，鸥舞莺啼，多么温馨浪漫的画面！

水雉

水雉属于国家二级重点保护动物体。体长31—58厘米，夏羽头、颏、喉和前颈白色，后颈金黄色，枕黑色，往两侧延伸成一条黑线，沿颈侧而下与胸部黑色相连，将前颈白色和后颈金黄色截然分开。背、肩棕褐色，具紫色光泽。腰、尾上覆羽和尾黑色。

生活在热带及亚热带的开放性湿地中，主要为淡水湖沼。以昆虫、虾、软体动物、甲壳类等小型无脊椎动物和水生植物为食。我国华北、华中、华南地区均有分布，在白洋淀属于夏候鸟。

2022年拍摄于烧车淀

白眼潜鸭

白眼潜鸭在《世界自然保护联盟濒危物种红色名录》中属于近危（NT）等级，同时也被列为国家林业局 2000 年 8 月 1 日发布的《国家保护的有益的或者有重要经济、科学研究价值的陆生野生动物名录》。

体型约 40 厘米，仅眼及尾下羽白色；雄鸟头、颈、胸及两胁浓栗色，眼白色；雌鸟暗烟褐色，眼色淡；侧看头部羽冠高耸，飞行时，飞羽为白色带狭窄黑色后缘；雄雌两性与雌凤头潜鸭区别在于白色尾下覆羽（有时也见于雌凤头潜鸭），头形有异，缺少头顶冠羽，嘴上无黑色次端带；与青头潜鸭区别在两胁少白色。

白眼潜鸭极善潜水，但在水下停留时间不长。常在富有芦苇和水草的水面活动，并潜伏于其中。杂食性，以植物性食物为主，主要为各类水生植物的球茎、叶、芽、嫩枝和种子。也食动物性食物如甲壳类、软体动物、水生昆虫及其幼虫、蠕虫以及蛙和小鱼等。白眼潜鸭在白洋淀为夏候鸟。

2021 年拍摄于烧车淀

须浮鸥

须浮鸥被列入国家林业局2000年8月1日发布的《国家保护的有益的或者有重要经济、科学研究价值的陆生野生动物名录》。体长约25厘米，是一种体型略小的浅色燕鸥。腹部深色（夏季），尾浅开叉。背、腰、尾上覆羽和尾鸽灰色，外侧一对尾羽的外侧灰白色。

常成群活动。频繁的在水面上空振翅飞翔。飞行轻快而有力，有时能保持在一定地方振翅飞翔而不动地方。结小群活动，偶成大群，在水面、沼泽地和稻田上空觅食，取食时扎入浅水或低掠水面。主要以小鱼、虾、水生昆虫等水生脊椎和无脊椎动物为食，有时也吃部分水生植物。须浮鸥是白洋淀群体较大的鸟类。白洋淀鱼虾丰富，为须浮鸥提供了良好的栖息环境。

2015年拍摄于烧车淀

苍鹭

苍鹭被列入国家林业局2000年8月1日发布的《国家保护的有益的或者有重要经济、科学研究价值的陆生野生动物名录》，是白洋淀渔民常说的“长脖子老等”。雄鸟体长75—105厘米，雌鸟体长75—100厘米。雄鸟头顶中央和颈白色，头顶两侧和枕部黑色。

栖息于江河、溪流、湖泊、水塘、海岸等水域岸边及其浅水处。主要以小型鱼类、泥鳅、虾、蜥蜴、蛙和昆虫等动物性食物为食。在中国几乎遍及全国各地，在河北，冬季多迁到南方越冬，偶尔亦见有少数个体留在北方繁殖地不迁徙。在白洋淀为夏候鸟。

2014年拍摄于安新镇四门堤北刘庄段

白鹭

白鹭被列入国家林业局2000年8月1日发布的《国家保护的有益的或者有重要经济、科学研究价值的陆生野生动物名录》。体长约61厘米，翼展宽86—104厘米。嘴尖直粗壮，颈细长，翼大而圆，尾羽短。腿长，位于身体的后部，全身羽毛白色，嘴黑色，脚黑色，趾黄绿色。

一般栖息于池塘、湖泊、稻田。以小型动物、昆虫为食。我国除西北地区以外，广泛分布。每年4—11月，在白洋淀繁衍生息，为夏候鸟。

2012年拍摄于安新白洋淀大桥南侧大堤

黑卷尾

黑卷尾被列入国家林业局2000年8月1日发布的《国家保护的有益的或者有重要经济、科学研究价值的陆生野生动物名录》。体长约30厘米，通体黑色，尾长且分叉较深。幼鸟与成鸟相似，次级飞羽的先端缘以淡色，翼缘杂以白斑。自胸以下的羽毛具有淡色近白的羽端，向后更显著。

平时栖息在山麓或沿溪的树顶上，或在竖立田野间的电线杆上，主食各种昆虫及幼虫，如蝗虫、甲虫、蜻蜓、胡蜂、蝉、天社蛾幼虫等。

分布于伊朗、印度、中国、东南亚、爪哇及巴厘岛。在白洋淀为夏候鸟。

2020年拍摄于关城村西大堤

黄腹山雀

黄腹山雀被列入国家林业局2000年8月1日发布的《国家保护的有益的或者有重要经济、科学研究价值的陆生野生动物名录》。小型鸟类，体长11—12厘米，额、头顶至后颈灰黑色，眼先、脸颊至颈侧白色，在头部两侧形成一大块白斑，在黑色的头部甚为醒目。上体橄榄褐色，喉和上胸黑色，其余下体棕栗色。特征明显，野外不难识别。

除繁殖期成对或单独活动外，其他季节多为几只至10余只的小群。多在树冠中下层枝叶间和林下竹丛与灌丛中，有时也到地上活动和觅食。主食昆虫，兼食一些植物性食物。在白洋淀为夏候鸟。

2023年拍摄于千里堤留通桥附近

灰喜鹊

灰喜鹊被列入国家林业局 2000 年 8 月 1 日发布的《国家保护的有益的或者有重要经济、科学研究价值的陆生野生动物名录》。体长 31—42 厘米，嘴、脚黑色，额至后颈黑色，背灰色，两翅和尾灰蓝色，初级飞羽外翈端部白色。尾长，呈凸状具白色端斑，下体灰白色。

杂食性，主要吃半翅目的蝽象、鞘翅目的昆虫及幼虫，兼食一些植物果实及种子。在我国常见于东北、华北和华中地区。在白洋淀为留鸟。

2020 年拍摄于安新北堤大阳堤段

金斑鸻

金斑鸻被列入国家林业局 2000 年 8 月 1 日发布的《国家保护的有益的或者有重要经济、科学研究价值的陆生野生动物名录》。体长 21—25 厘米。羽脸、喉部、胸部及腹部均为黑色，胸侧白色，尾下覆羽黑色，背部具金色斑点。非繁殖羽及幼鸟整体黄褐色。飞行时翼下灰色，趾略超出尾后。停落时初级飞羽和尾羽基本等长。

繁殖于亚洲中部至东部的高纬度地区。常栖息于沿海滩涂、水塘，有时也栖息于沼泽、草地、农田等生境。国内见于各省，为我国大多数地区的旅鸟，在东南地区，有部分个体越冬。迁徙季节白洋淀常见。

2021 年拍摄于北际头藕田

草鹭

草鹭被列入国家林业局2000年8月1日发布的《国家保护的有益的或者有重要经济、科学研究价值的陆生野生动物名录》。体长约90厘米，额和头顶蓝黑色，枕部有两枚灰黑色长形羽毛形成的冠羽，其余头和颈棕栗色。背、腰和尾上覆羽灰褐色。胸和上腹中央基部棕栗色。

栖息于开阔平原和低山丘陵地带的河流、水塘岸边及其浅水处，主要以小鱼、蛙、蝗虫等为食。

世界上分布极广。在中国遍布东部及东南部。在白洋淀为夏候鸟。

2021年拍摄于烧车淀

夜鹭

夜鹭被列入国家林业局 2000 年 8 月 1 日发布的《国家保护的有益的或者有重要经济、科学研究价值的陆生野生动物名录》。 体长约 50 厘米，颈部较短，嘴部尖细，头顶至背部呈黑绿色，披有多根带状白色饰羽。夜鹭属于白洋淀常见鸟类，栖息于溪流、江河、沼泽和水田等地，一般结成群体于晨昏和夜间活动，因此被称为夜鹭。在白洋淀为夏候鸟。

2018 拍摄于大田庄村西水域

大杜鹃

大杜鹃属于河北省重点保护动物。体长约 30 厘米，雄鸟上体纯暗灰色，两翅暗褐，尾黑，中央尾羽的羽干两侧有细小的白色斑点，下体余部白色，杂以黑褐色横斑，雌鸟上体灰色沾褐，胸呈棕色，脚棕黄色。

大杜鹃主要栖息于山地、丘陵和平原地带的森林中，常单独活动，以松毛虫、舞毒蛾等以及其他鳞翅目幼虫为食。大杜鹃也是白洋淀的常见鸟类，由于其叫声似“布谷、布谷”，又称布谷鸟，随着雄安新区森林面积的增加，大杜鹃数量也在上升。

2017 拍摄于端村水域

牛背鹭

牛背鹭被列入国家林业局2000年8月1日发布的《国家保护的有益的或者有重要经济、科学研究价值的陆生野生动物名录》。体长46—55厘米，飞行时头缩到背上，颈下突出。身体呈驼背状，嘴和颈亦较短粗。夏羽前颈基部和背中央具羽枝分散成发状的橙黄色长形饰羽，尾和其余体羽白色。冬羽通体全白色。

栖息于平原草地、牧场、湖泊和低山水田、旱田和沼泽地上。主要以蝗虫、蚂蚱、蟋蟀等动物为食。在白洋淀为夏候鸟。

2017年拍摄于北何庄村南农田

池鹭

池鹭被列入国家林业局2000年8月1日发布的《国家保护的有益的或者有重要经济、科学研究价值的陆生野生动物名录》。体长46—55厘米。繁殖期头及颈深栗色，胸酱紫色；非繁殖期背部褐色，头、颈、上胸部具褐色纵纹，下腹部及翼为白色；嘴基黄而尖端黑色，跗趾黄色。非繁殖期飞行时因白色的腹部和飞羽，易与白鹭混淆，背部有深色阴影是其分辨特征。

适应各种湿地环境。常单独或集小群活动，也会与白鹭、夜鹭类混群，性不惧人。常长时间静待猎物，发现猎物后迅速出击捕食。除东北北部和青藏高原外，几乎遍及全国，在东部常见，西部偶见或罕见，越冬于长江以南地区。在白洋淀为夏候鸟。

2014年拍摄于白洋淀大桥南侧大堤

赤嘴潜鸭

赤嘴潜鸭被列入国家林业局 2000 年 8 月 1 日发布的《国家保护的有益的或者有重要经济、科学研究价值的陆生野生动物名录》。体长 45—55 厘米。雄鸟头浓栗色，具淡棕黄色羽冠。上体暗褐色，翼镜白色，嘴赤红色。下体黑色，两胁白色，特征极明显，野外容易辨别。雌鸟通体褐色，头的两侧、颈侧以及颏和喉灰白色，飞翔时翼上和翼下大型白斑极为醒目。

活动于开阔的淡水湖泊或水流缓慢的河流，主要以水生植物为食，潜水取食为主，在浅水处也会采取类似浮鸭的取食方法。

繁殖于新疆北部、内蒙古西部、青藏高原东部，越冬于西藏南部、西南地区的高原淡水湖泊中，地区性常见。近年来在白洋淀发现其繁殖育雏行为。

2022 年拍摄于东田庄村东后塘淀

凤头䴙䴘

凤头䴙䴘被列入国家林业局2000年8月1日发布的《国家保护的有益的或者有重要经济、科学研究价值的陆生野生动物名录》。俗称张八狗或水老鸹，是体形最大的一种䴙䴘，有鸭子一样大小，体长在50厘米以上。嘴又长又尖，从嘴角到眼睛还长着一条黑线。它的脖子很长，向上方直立着，通常与水面保持垂直的姿势。夏季时头的两侧和颏部都变为白色，前额和头顶却是黑色，头后面长出两撮小辫子一样的黑色羽毛，向上直立，所以被叫作凤头䴙䴘。它的颈部还围有一圈篷长长的饰羽，像小斗篷一样的翎领，基部是棕栗色，端部是黑色，极为醒目。

白洋淀是华北地区最大的湿地生态系统，大量凤头䴙䴘在此栖息。该鸟以鱼为主食，在白洋淀湖面上，它们成对或集成小群活动在开阔水面或者长有芦苇水草的湖泊中，极善水性，是优秀的水上自由体操运动员。在白洋淀为夏候鸟。

2018年拍摄于大田庄附近水域

鹤鹬

鹤鹬被列入国家林业局2000年8月1日发布的《国家保护的有益的或者有重要经济、科学研究价值的陆生野生动物名录》。体长26—33厘米。喙部、跗跖皆为红色，喙细长且直。繁殖羽整体黑色具白色点状斑纹，非繁殖羽整体灰色。

繁殖于欧亚大陆北部，主要越冬于非洲中部及北部、南亚及东南亚。国内见于各省，其中于新疆北部为夏候鸟，于包括台湾与海南的南海沿海省份及云南南部为冬候鸟，于其余地区为旅鸟。

栖息于沿海滩涂、盐田、鱼塘、沼泽、稻田、湖泊等生境。每年迁徙季节经常在白洋淀发现鹤鹬。

2021年拍摄于府河湿地

黑眉苇莺

黑眉苇莺被列入国家林业局 2000 年 8 月 1 日发布的《国家保护的有益的或者有重要经济、科学研究价值的陆生野生动物名录》。体长 11—14 厘米。上体橄榄棕褐色；眉纹淡黄色，杂有明显黑褐色纵纹；第 2 枚初级飞羽较第 6 枚短；下体白色，两胁暗棕色。

繁殖期活动于水域附近的灌丛和芦苇丛中，迁徙时也会出现在不近水的林地或灌丛。常单独和成对活动，常站在小灌木顶端或蒿草梢上鸣叫，受惊扰时做短距离飞行即遁入密丛中。觅食时敏捷而活跃，能灵活地在芦苇茎叶间跳跃穿梭，也能在草茎上来回上下攀缘。繁殖于东北、华北、华中至华东各地；少量越冬于东南、华南地区，包括海南和台湾；迁徙时经过我国中东部大部分地区。

2021 年拍摄于际头藕塘

黑尾塍鹬

黑尾塍鹬被列入国家林业局2000年8月1日发布的《国家保护的有益的或者有重要经济、科学研究价值的陆生野生动物名录》。体长36—44厘米。嘴、脚、颈皆较长，是一种细高而鲜艳的鸟类。嘴长而直微向上翘，尖端较钝、黑色，基部肉色。

栖息于草原湿地、沿海滩涂、沙滩、河口、沼泽、湖泊、水田等湿地生境，有时会至较深水域。繁殖于东北、内蒙古、新疆西北部，有少量在东部沿海地区度夏，迁徙经国内除西藏外的大部分地区。

2021年拍摄于藻苲淀

红喉姬鹟

红喉姬鹟被列入国家林业局 2000 年 8 月 1 日发布的《国家保护的有益的或者有重要经济、科学研究价值的陆生野生动物名录》。体长 11—14 厘米。雄鸟上体灰褐色。两翼深褐色，无翼斑。颏及喉橙色，胸部偏灰色，下体余部为白色。雌鸟与雄鸟非繁殖羽相似。

主要栖息于海拔较低的林地。一般于树木中下部或地面活动，过境时见于各种生境。主要分布于欧亚大陆中部及东部，于东南亚地区越冬。国内各省皆有记录，为各地较常见候鸟。

2022 年拍摄于四门堤东杨庄堤段

黄鹡鸰

黄鹡鸰被列入国家林业局2000年8月1日发布的《国家保护的有益的或者有重要经济、科学研究价值的陆生野生动物名录》。体长16—18厘米。成鸟额、头顶、头侧、枕和后颈为蓝灰色，细长的眉纹黄白色，眼下亦略缀黄白色;上体灰褐绿色，腰泛黄色;翼黑褐色，翼上覆羽和内侧飞羽的白端在翼上形成黄白色横斑。

繁殖期喜较潮湿的矮草环境，如湿地草甸、湖边草滩等，迁徙季节几乎可以出现在任何近水处，也会出现于农田中。在国内广泛分布于除西北和青藏高原腹地以外的大部分地区，繁殖于东北，越冬于华南。

2018年拍摄于大田庄村西

普通翠鸟

普通翠鸟被列入国家林业局2000年8月1日发布的《国家保护的有益的或者有重要经济、科学研究价值的陆生野生动物名录》。体长约16—17厘米，额、头顶、枕和后颈黑绿色，前额侧部、颊、眼后和耳覆羽栗棕红色，耳后有一白色斑；颧纹翠蓝绿黑色，背至尾上覆羽辉翠蓝色。

普通翠鸟是白洋淀常见鸟类，也被叫作打鱼郎、钓鱼郎、刁鱼郎。 常常静立于树上，见有鱼虾，飞身扑下，速度极快。古诗中赞它："有意莲叶间，瞥然下高树，擘破得全鱼，一点翠光去。"全诗仅20个字已把翠鸟破开水面、啄得潜鱼、飞跃出水、一闪而逝的动作写得活灵活现。

2013年拍摄于白洋淀旅游码头

家燕

家燕被列入国家林业局2000年8月1日发布的《国家保护的有益的或者有重要经济、科学研究价值的陆生野生动物名录》。体长13—19厘米。头顶、颈背部至尾上覆羽带有金属光泽的深蓝黑色，翼亦为黑色，飞羽狭长；颏、喉、上胸棕栗色，下胸、腹部及尾下覆羽浅灰白色，无斑纹；尾深叉形，蓝黑色。

活动于农田和荒野，尤其喜爱靠近水边的栖息地，也能适应城市环境，通常筑巢于房檐下。遍及全国，在白洋淀为夏候鸟。

2021年拍摄于同口羊角淀

金腰燕

金腰燕被列入国家林业局2000年8月1日发布的《国家保护的有益的或者有重要经济、科学研究价值的陆生野生动物名录》。体长16—20厘米。背及翼上覆羽深黑蓝色，后颈栗黄色，形成领环，腰有栗色横带，下体栗白色而具黑色纵纹;尾长而分叉，黑色，无斑，眼褐色，嘴和脚黑色。

活动于城镇、农田和河流开阔的区域。伴人而居，有时与家燕混群，但飞行速度略慢。巢瓶状，比家燕的巢更加精巧。分布于除内蒙古西部、甘肃西部、青藏高原中西部外的全国大部分地区。在白洋淀为夏候鸟。

2023年拍摄于大田庄

矶鹬

矶鹬被列入国家林业局2000年8月1日发布的《国家保护的有益的或者有重要经济、科学研究价值的陆生野生动物名录》。 体长16—22厘米。成鸟头部灰色，具较明显灰白色眉纹；胸侧具灰褐色斑块；腹部白色无斑纹；背部灰色，翼角前缘白色甚明显。

常栖息于湖泊、池塘、沼泽、河流等地。繁殖于欧亚大陆中部及北部，在非洲、亚洲及大洋洲越冬。国内见于各省，于北方为夏候鸟，于包括海南与台湾在内的南方为冬候鸟。

2020年拍摄于府河湿地

灰头麦鸡

灰头麦鸡被列入国家林业局2000年8月1日发布的《国家保护的有益的或者有重要经济、科学研究价值的陆生野生动物名录》。体长34—37厘米。繁殖期头、颈及胸灰色；胸部和腹部之间有黑色胸带分隔；背部及两翼大部分覆羽褐色；腹部和腰部白色；尾羽基部及边缘白色，近末端有黑色斑块。非繁殖期头颈部染褐色，颏及喉部白色，胸带不明显。

常见于近水的开阔地、沼泽、河滩、草滩等处，也出现于农田。集小群活动，在水边觅食，站在田埂上休息。繁殖于东北东部、南部至长江流域、西至青藏高原东缘的广大地区，迁徙经除新疆、西藏以外的全国大部分地区，越冬于华南地区。

2020年拍摄于烧车淀

戴胜

戴胜被列入国家林业局2000年8月1日发布的《国家保护的有益的或者有重要经济、科学研究价值的陆生野生动物名录》。体长26—28厘米，头顶羽冠长而阔，呈扇形。颜色为棕红色或沙粉红色，具黑色端斑和白色次端斑。头侧和后颈淡棕色，上背和肩灰棕色。初级飞羽黑色，飞羽中部具一道宽阔的白色横斑，其余飞羽具多道白色横斑。嘴细长而向下弯曲，黑色，基部淡肉色，脚和趾铅色或褐色。戴胜不太怕人，田间地头、道路两旁，甚至会到农家的屋檐下做巢。戴胜以昆虫为主要食物，也吃蠕虫等其他小型无脊椎动物。觅食多在林缘草地上或耕地中，常常把长长的嘴插入土中取食。对保护森林和农田十分有益，为果园、耕地的益鸟。在白洋淀为留鸟。

2012年拍摄于白洋淀大桥南

胜是指古代妇女戴在头上的一种首饰。

唐·杜甫《人日》诗之:“尊前柏叶休随酒，胜里金花巧耐寒。”

戴胜外形独特，具有机警耿直和忠贞不渝的禀性，自古以来就成为宗教和传说中的象征物之一。在中国，戴胜代表着祥和、美满、快乐，自古以来就有许多赞美它的诗词。

东亚石䳭

东亚石䳭被列入国家林业局2000年8月1日发布的《国家保护的有益的或者有重要经济、科学研究价值的陆生野生动物名录》。体长12—14厘米。雄鸟头部、喉部及飞羽黑色，颈及翼上具粗大的白斑，腰白，胸棕色。雌鸟较暗而无黑色，喉部浅白色。

常单独或成对活动，迁徙时可见小群。广泛分布于东部地区，部分繁殖于东北地区，越冬于东南地区，迁徙时常见于分布区内各地。

2020年拍摄于关城村南

环颈雉鸡

环颈雉鸡被列入国家林业局2000年8月1日发布的《国家保护的有益的或者有重要经济、科学研究价值的陆生野生动物名录》。体长60—100厘米。雄鸟和雌鸟羽色不同，雄鸟羽色华丽，头顶两侧各具有一束能耸立起而羽端呈方形的耳羽簇，下背和腰的羽毛边缘披散如发状；翅稍短圆；尾羽18枚，尾长而逐渐变尖，中央尾羽比外侧尾羽长得多，雄鸟尾羽羽缘分离如发状。雌鸟的羽色暗淡，大都为褐和棕黄色，而杂以黑斑；尾羽也较短。

主要栖息于中低山丘陵及平原，也常在农田周边活动。脚强壮，善奔跑，飞行距离较短。秋冬季集群活动。常在地面刨食植物和无脊椎动物。在白洋淀四季都较为常见。

2020年拍摄于安新北堤大阳堤段

珠颈斑鸠

珠颈斑鸠被列入国家林业局2000年8月1日发布的《国家保护的有益的或者有重要经济、科学研究价值的陆生野生动物名录》。其上体羽以褐色为主，头颈灰褐，额部和头顶呈灰色或蓝灰色，后颈基两侧各有一块具蓝灰色羽缘的黑羽，肩羽的羽缘为红褐色。

斑鸠是白洋淀常见鸟类，主要品种有山斑鸠、灰斑鸠、珠颈斑鸠。它飞行时像鸽子，鸣声单调低沉，警惕性非常高。在古代被寓为长长久久、幸福祥和的吉祥鸟。在白洋淀为留鸟。

2013年拍摄于白洋淀大桥南侧

东方大苇莺

东方大苇莺被列入国家林业局2000年8月1日发布的《国家保护的有益的或者有重要经济、科学研究价值的陆生野生动物名录》。体长约20厘米。上体呈橄榄褐色，下体乳黄色；上嘴褐色，下嘴偏粉；脚灰色。

东方大苇莺主要栖息于湖畔、河边、水塘、芦苇、沼泽等水域或附近的植物丛和芦苇与草丛中，单独或成对活动，比较活泼，经常在草茎或灌丛枝间跳跃、攀缘；以甲虫、金花虫、鳞翅目幼虫以及蚂蚁、豆娘和水生昆虫等昆虫为食，也吃蜘蛛、蜗牛等其他无脊椎动物和少量植物果实和种子。白洋淀湿地是东方大苇莺在华北地区的重要繁殖栖息地之一。在白洋淀为夏候鸟。

2018年拍摄于大田庄

秋

秋

秋天的白洋淀是金黄色的，满淀的芦苇已经成熟，天蓝水清。此时很多候鸟开始南迁，秋高气爽，黑鹳展翅高飞，棉凫依然眷恋那片荷塘，野鸭、鸳鸯成双成对，或浮游于水面，或沉入水中。白洋淀的秋天并不寂寞，鸟儿拨水洗翅，腾空飞翔，万亩苇塘芦花飘荡，别具特色。

青头潜鸭

青头潜鸭属于国家一级重点保护动物，极危物种，素有“鸟中大熊猫”之称。

2018 年，白洋淀首次发现青头潜鸭。与县湿地办一起巡视观鸟时，我有幸见证并进行了拍摄。自 2021 年开始，青头潜鸭群体数量激增，笔者在白洋淀区域内观测到了 130 余只。

2022 年在白洋淀发现了青头潜鸭育雏，这也是华北地区首次发现。2023 年在白洋淀栖息的青头潜鸭保守估计在 200 只左右，这就证明了白洋淀生态环境不断提升。这里广袤的芦苇、满淀的莲藕、丰富的鱼虾为青头潜鸭提供了良好的栖息和繁衍环境。

2018 年拍摄于大田庄前塘淀

黑鹳

黑鹳属于国家一级重点保护动物。体长 100—117 厘米，嘴长而直，尾较圆，脚甚长。头、颈、上体和上胸黑色。下胸、腹、两胁和尾下覆羽白色。虹膜褐色或黑色，嘴、脚皆为红色。

栖息于河流沿岸、沼泽山区溪流附近。以鱼为主食，也捕食其他小动物。

曾广泛分布于欧亚大陆和非洲，但近几十年来由于环境恶化种群数量骤减。在白洋淀属于旅鸟，2023 年秋在白洋淀唐河水域多有发现。

2022 年拍摄于唐河安新流域

鹊鹞

鹊鹞属于国家二级重点保护动物。体长 42—48 厘米，是两翼细长的鹞。体色比较独特，与其他鹞类不同，头部、颈部、背部和胸部均为黑色，尾上的覆羽为白色，尾羽为灰色，翅上有白斑。虹膜黄色，嘴黑色或暗铅蓝灰色，下嘴基部黄绿色，蜡膜也为黄绿色，脚和趾黄色或橙黄色。

栖息于开阔的低山丘陵和沼泽草地。多在林边草地低空飞行。主要以小鸟、鼠类、蜥蜴、蛇、昆虫等小型动物为食。分布于中国、俄罗斯、蒙古和朝鲜，越冬于印度、缅甸、泰国和马来西亚等地。在白洋淀为旅鸟。

2021 年拍摄于府河湿地

黑翅鸢

黑翅鸢属于国家二级重点保护动物。体长约 33 厘米，上体蓝灰色，下体白色。眼先和眼周具黑斑，肩部亦有黑斑，尾较短，平尾，中间稍凹，呈浅叉状。脚黄色，嘴黑色。

栖息于有树木和灌木的开阔原野、农田、疏林和草原地区，从平原到海拔 4000 米多的高山均有栖息。主要以田间鼠类、昆虫、小鸟、野兔和爬行类为食。在我国分布于云南、广西、浙江、河北等地。在白洋淀为留鸟。

2021 年拍摄于府河湿地

红脚隼

红脚隼属于国家二级重点保护动物。体长 26—30 厘米，雄鸟背部为石板黑色，喉、腹部淡石板灰色。雌鸟背部为石板灰色，下背、肩具黑褐色横斑，喉、颈侧乳白色，胸部具黑褐色纵纹，腹中部具点状或矢状斑，腹两侧具黑色横斑。

主要栖息于低山疏林、林缘、山脚平原、丘陵地区的沼泽、草地、河流、山谷和农田等开阔地区。主要以蝗虫、蚱蜢等昆虫为食。主要分布于欧、亚、非三洲，国内分布广泛，在白洋淀为旅鸟。

2022 年拍摄于唐河湿地

云雀

云雀属于国家二级重点保护动物。体长约 18 厘米，具灰褐色杂斑。顶冠及耸起的羽冠具细纹，尾分叉，羽缘白色，后翼缘的白色于飞行时可见，与鹤类的区别在尾及腿均较短。与日本云雀容易混淆，与小云雀易混淆但体形较大，后翼缘较白且叫声也不同。虹膜深褐，嘴角质色，脚肉色。

栖于草地、干旱平原、泥淖及沼泽。正常飞行起伏不定。警惕时下蹲。以食地面上的昆虫和种子为生。在我国分布于山东、安徽、陕西、甘肃、四川、青海、西藏以南及台湾、海南岛等地。在白洋淀春秋两季较常见。

2022 年拍摄于烧车淀

黑鸢

黑鸢国家二级重点保护动物。体长 54—69 厘米，前额基部和眼先灰白色，耳羽黑褐色，头顶至后颈棕褐色，具黑褐色羽干纹。上体暗褐色，微具紫色光泽和暗色细横纹，下体棕褐色，均具黑褐色羽干纹，尾较长，尾棕褐色，呈叉状，具宽度相等的黑色和褐色相间排列的横斑。

栖息于开阔平原、草地、荒原和低山丘陵地带，也常在城郊、村屯、田野、港湾、湖泊上空活动，偶尔也出现在 2000 米以上的高山森林和林缘地带。白天活动，常单独在高空盘旋翱翔觅食，视觉敏锐，鸣声尖锐。主要以小鸟、鼠类、蛇、蛙、鱼、野兔、蜥蜴和昆虫等动物性食物为食，偶尔捕食家禽和食腐尸。在我国分布广泛，见于各省。

2022 年拍摄于府河湿地

鸳鸯

鸳鸯属于国家二级重点保护动物。体长约40厘米，雄鸟额和头顶中央翠绿色，枕部铜赤色，眼先淡黄色，颊部具棕栗色斑，眼上方和耳羽棕白色，背、腰暗褐色，并具铜绿色金属光泽。雌鸟头和后颈灰褐色，眼周白色，上体灰褐色，两翅和雄鸟相似，但无金属光泽和帆状直立羽，胸侧和两胁暗棕褐色，杂有淡色斑点，腹和尾下覆羽白色。

鸳鸯栖息于湖泊、水塘、芦苇沼泽和稻田之中。在白洋淀，经常可以看到鸳鸯成双成对，或浮游于水面，或沉入水中，忽儿拨水洗翅，忽儿腾空飞翔。

2022年拍摄于烧车淀

棉凫

棉凫属于国家二级保护动物，体长约 30 厘米，头圆，脚短，鸭喙短而底部较深。雄性棉凫繁殖时毛色泛黑绿色光泽，头部、颈部及下身主要呈白色，雌鸟羽色较淡。

棉凫体型娇小可爱，是白洋淀最小的鸭子。它栖息于江河、湖泊、水塘和沼泽地带，善于游泳和潜水，喜欢吃睡莲科植物，也吃昆虫、甲壳类等。白洋淀近年来生态环境不断改善，吸引了大量的棉凫前来栖息繁衍。在白洋淀为夏候鸟。

2022 年拍摄于烧车淀

暗绿绣眼鸟

暗绿绣眼鸟被列入国家林业局2000年8月1日发布的《国家保护的有益的或者有重要经济、科学研究价值的陆生野生动物名录》。体长9—11厘米，雌雄羽色相似，上体绿色，眼周有一白色眼圈极为醒目。下体白色，喉和尾下覆羽淡黄色。虹膜红褐或橙褐色，嘴黑色，下嘴基部稍淡，脚暗铅色或灰黑色。

主要栖息于阔叶林和以阔叶树为主的针阔叶混交林、竹林、次生林等各种类型森林中，具迁徙性，中国北部地区多为夏候鸟，中国华南沿海地区、海南岛和台湾地区主要为留鸟。夏季食物以昆虫为主，冬季以植物性食物为主。分布于亚洲东南部。在我国华北及以南地区分布广泛。在白洋淀为夏候鸟。

2023年拍摄于大田庄

大白鹭

大白鹭被列入国家林业局2000年8月1日发布的《国家保护的有益的或者有重要经济、科学研究价值的陆生野生动物名录》。体长约90厘米，颈、脚甚长，两性相似，全身洁白。

栖息于开阔平原和山地丘陵地区的河流、湖泊及其沼泽地带。以小鱼、蛙、蝌蚪和蜥蜴等动物为食物。繁殖于中国东北北部呼伦湖、黑龙江流域和新疆西部与中部，迁徙和越冬期见于甘肃西部，陕西和青海。在白洋淀为夏候鸟。

2014年拍摄于唐河湿地

普通鸬鹚

普通鸬鹚被列入国家林业局2000年8月1日发布的《国家保护的有益的或者有重要经济、科学研究价值的陆生野生动物名录》。体长72—87厘米，通体黑色，头颈具紫绿色光泽，两肩和翅具青铜色光彩，嘴角和喉囊黄绿色，眼后下方白色，繁殖期间脸部有红色斑，头颈有白色丝状羽，下肋具白斑。

常成群栖息于水边岩石上或水中，以各种鱼类为食。分布于欧洲、亚洲、非洲、澳洲和北美。在我国中部和北部繁殖，大群聚集于青海湖。迁徙经我国中部，冬季至我国南方。

2020年拍摄于府河湿地

中白鹭

中白鹭被列入国家林业局2000年8月1日发布的《国家保护的有益的或者有重要经济、科学研究价值的陆生野生动物名录》。体长约70厘米，个体大小介于大白鹭和白鹭之间，嘴长而尖直，翅大而长，脚和趾均细长，体形呈纺锤形。全身白色。

栖息和活动于河流、湖泊、沼泽、河口、海边和水塘岸边浅水处及河滩上，也常在沼泽和水稻田中活动。以水种生物为食。在我国甘肃、山东、河南、江苏、上海、浙江、江西、湖北、四川、贵州、福建为夏候鸟，云南为留鸟，广东、海南、台湾为冬候鸟。在白洋淀为夏候鸟。

2021年拍摄于府河湿地

芦苇三雀·震旦鸦雀

芦苇三雀指震旦鸦雀、文须雀、棕头鸦雀。它们喜欢在芦苇中觅食、嬉戏，长期生活在苇塘之中，不怎么怕人，都有一只厚厚的小短嘴，可以剥开芦苇杆捕捉里面的虫子。白洋淀最多的就是一望无际的芦苇，为震旦鸦雀、文须雀、棕头鸦雀的生存繁殖提供了良好的环境，因此成为非常普遍的鸟类。

震旦鸦雀属于国家二级保护动物，中国特有的珍稀鸟种，被称为“鸟中熊猫”。体长约 20 厘米，黑色眉纹显著，额、头顶及颈背灰色，黑色眉纹上缘黄褐而下缘白色。上背黄褐，通常具黑色纵纹；下背黄褐。有狭窄的白色眼圈。在白洋淀为夏候鸟。

2020 年拍摄于北际头藕田

芦苇三雀·文须雀

别称髭雀、文须山雀。体长14—20厘米。前额、头顶、头侧淡烟灰色或灰色，前额、头侧和耳羽通常较淡、呈灰白色或淡灰色，眼先、眼周黑色并向下经颊沿颧区延伸形成一簇髭状黑斑。

栖息于芦苇丛中。常集小群活动，性活泼，善鸣叫，常在近水的芦苇丛中跳跃或在芦苇秆上攀爬。飞行速度慢，飞行中两翅扇动慢，较长的尾羽上下摇摆。主要以昆虫、草籽为食。

文须雀是我国常养的笼鸟之一。文须雀别称龙凤鸟，卖鸟人根据其特征而取的吉祥雅号。因雄鸟有黑色嘴须便称其为“龙”，雌鸟无黑须则称其为“凤”。

2022年拍摄于羊角淀

芦苇三雀·棕头鸦雀

体长约 12 厘米。头顶至上背棕红色，上体余部橄榄褐色，翅红棕色，尾暗褐色。喉、胸粉红色，下体余部淡黄褐色。

常栖息于中海拔的灌丛及林缘地带，分布于自东北至西南一线向东的广大地区，为较常见的留鸟。主要以甲虫、象甲、松毛虫卵、蝽象、鞘翅目和鳞翅目等昆虫为食，也吃蜘蛛等其他小型无脊椎动物和植物果实与种子等。常成对或成小群活动，秋冬季节有时也集成 20 或 30 多只乃至更大的群。在白洋淀为留鸟。

2022 年拍摄于烧车淀

宝兴歌鸫

宝兴歌鸫被列入国家林业局2000年8月1日发布的《国家保护的有益的或者有重要经济、科学研究价值的陆生野生动物名录》。体长20—24厘米。上体至尾羽均为橄榄褐色，眼先、颊为淡皮黄色，具褐色杂斑，羽区域具黑色新月形条斑。下体白色，颏及喉两侧具粗而短的黑色纵纹。胸部、腹部密布圆形的黑色斑点，尾下覆羽白色。两翼与上体同为橄榄褐色，但大覆羽和中覆羽具淡黄色端斑，形成比较清晰的两道翼斑。

在我国主要分布于中部，北至华北，南至云南，为不常见夏候鸟。主要栖息于海拔3000米以下的林地。

2023年拍摄于大田庄

田鹨

田鹨被列入国家林业局2000年8月1日发布的《国家保护的有益的或者有重要经济、科学研究价值的陆生野生动物名录》。体长16—19厘米的大型鹨。总体褐色，头顶具暗褐色纵纹，眉纹浅皮黄色，上体棕褐色，背部具褐色纵纹，胸口亦具较细小的黑色纵纹，下体皮黄色；跗跖肉色，后爪较其他类更长。

繁殖于东亚至西伯利亚，越冬于东南亚、南亚，东亚亦有越冬记录。繁殖于中国西北及新疆，冬季南迁。多在较干燥泥地、耕地、草地上活动，在地面跑动快而有力，飞行时迅速升高，呈波浪式。

2022年拍摄于府河湿地

银喉长尾山雀

银喉长尾山雀被列入国家林业局2000年8月1日发布的《国家保护的有益的或者有重要经济、科学研究价值的陆生野生动物名录》。体长13—16厘米的较大型长尾山雀。头部及胸部均为白色，后颈及上背黑色，下背白色而略带粉褐色；其余两亚种前额及眼先皮黄色，耳羽及颊部灰褐色，头顶至枕部大部黑色而至后颈逐渐过渡为蓝灰色，顶冠纹白色。

分布于欧亚大陆北部。国内见于东北和西北地区，以及从黄河流域至长江流域和新疆，为留鸟。多集群活动于林地，亦见于湿地芦苇生境，性活泼而好动。

2023年拍摄于杨孟庄大堤

棕扇苇莺

棕扇苇莺被列入国家林业局2000年8月1日发布的《国家保护的有益的或者有重要经济、科学研究价值的陆生野生动物名录》。体长10—11厘米。白色，前额、头顶、颊部、颈部及上体黄褐色，背部及头顶具黑白交错的纵纹，颏部、喉部至下体白色，胸侧、两肋及尾下覆羽黄褐色。飞羽黑色具黄褐色边缘，尾羽深褐色具黑色次端斑及白色端斑。

广泛分布于除美洲外的温暖地带。国内常见于从河北到云南一线以东的多高草处及农田生境，繁殖期多于领域上空边飞边鸣唱，北部种群会进行短距离迁徙。

2019年拍摄于府河湿地

栗耳鹀

栗耳鹀被列入国家林业局 2000 年 8 月 1 日发布的《国家保护的有益的或者有重要经济、科学研究价值的陆生野生动物名录》。体长 15—16 厘米的中型鹀。雄鸟繁殖羽额、顶部至后颈灰色，有黑色纵纹，耳羽栗色，背部红褐色且有黑色纵纹。翼褐色，羽缘红褐色，尾羽深褐色，外侧尾羽白色。喉白色，胸侧红褐色形成胸带，胁部红褐色，有黑色细纵纹，下腹部白色。非繁殖羽上胸黑色纵斑及红褐色胸带较淡。雌鸟似雄鸟，但头上至后颈偏褐色，上胸黑色纵纹较细而模糊，红褐色胸带不明显。

繁殖于东北亚、喜马拉雅山脉西段至中国华北、华南，其中部分为留鸟；越冬于印度、中国东南部及海南、中南半岛北部；活动于开阔平原的荒地、休耕地及林缘地带，于地面、草丛或灌丛中觅食。

2022 年拍摄于府河湿地

小䴙䴘

小䴙䴘被列入国家林业局 2000 年 8 月 1 日发布的《国家保护的有益的或者有重要经济、科学研究价值的陆生野生动物名录》。又名水葫芦、王八鸭子、油鸭、刁鸭，体长约 27 厘米。

栖息于湖泊、池塘、河流等地，是白洋淀湿地比较常见的鸟类。它们喜欢单独或成小群活动，繁殖期在水面追逐鸣叫。善于游泳、潜水，觅食也是靠潜水追捕，食物以小鱼、虾、昆虫等为主。很少飞行，受惊时，会急扇翅膀，贴近水面做短距离飞行。在白洋淀为夏候鸟。少部分冬季在未结冰水面越冬。

2017 年拍摄于大田庄村西

黄苇鳽

黄苇鳽被列入国家林业局2000年8月1日发布的《国家保护的有益的或者有重要经济、科学研究价值的陆生野生动物名录》。体长30—38厘米。雄鸟头顶黑色，头、颈余部黄褐色，上体余部大致为黄褐色，但尾羽呈黑色，两翼飞羽和初级覆羽黑色，其余翼上覆羽与背部同为黄褐色。下体淡黄白色，前颈至胸部具模糊的褐色纵纹（部分个体无纵纹）。雌鸟与雄鸟相似，但头顶为灰黑色，具浅色纵纹，背部具模糊的暗褐色纵纹，且颈部至胸部的纵纹较雄鸟清晰。

广泛分布于亚洲各地。国内除西部地区外广泛分布，为常见候鸟。一般隐匿于湿地及其附近的苇丛、草丛、荷塘及水田中，不喜集群。在白洋淀为夏候鸟。

2018年拍摄于邵庄子村

黄腰柳莺

黄腰柳莺被列入国家林业局 2000 年 8 月 1 日发布的《国家保护的有益的或者有重要经济、科学研究价值的陆生野生动物名录》。体长 9—10 厘米。上体橄榄绿色，头顶较暗，中央有一道淡黄绿色纵纹从额延伸至后颈，长眉纹芽黄色，贯眼纹暗绿褐色，头侧余部暗绿黄色。

繁殖期活动于针叶林和针阔叶混交林；迁徙及越冬时多活动于平原丘陵地带的苗圃、果园、花园或疏林灌丛中。单独或成对活动于高大的树冠层中，常与黄眉柳莺、戴菊等小型雀鸟混群活动。繁殖于黑龙江、吉林东部和北部、内蒙古北部，迁徙及越冬于华北、华中、华东、华南、东南和西南大部分地区。

2023 年拍摄于杨孟庄大堤

大斑啄木鸟

大斑啄木鸟被列入国家林业局2000年8月1日发布的《国家保护的有益的或者有重要经济、科学研究价值的陆生野生动物名录》。体长21—25厘米。额棕白色，头顶黑色，后颈及颈两侧白色。背灰黑色，两翅黑色，翼缘白色，飞羽内翈均具方形或近方形白色块斑。

主要以甲虫、蝗虫、蚁科等各种昆虫为食。常单独或成对活动，多在树干和粗枝上觅食。在白洋淀为留鸟。

2020年拍摄于四门堤韩村堤段

冬

冬

白洋淀从来不缺少画面，即便是在冬天。如遇一场冬雪，银装素裹，更显壮阔与美丽。此时，寒鸟飞鸣，大鸨、天鹅、红隼依旧活跃，或者展翅蓝天，或者在冰冷刺骨的淀水中嬉戏，为冬日的白洋淀平添了几分生机。鸟儿的执着与坚守，令人感动！

大鸨

大鸨属于国家一级保护动物，善于奔跑，既吃野草，又吃甲虫、蝗虫、毛虫等。

2005年，白洋淀第一次观测到大鸨。近年来，白洋淀生态环境明显提升，每年来白洋淀过冬的大鸨越来越多，人们在淀边观测到的大鸨数量经常多达几十只，有时成群的大鸨在此栖息越冬。雄安新区安新县将城北稻田、城东烧车淀划定为大鸨和青头潜鸭的重要栖息地保护示范区，提升了白洋淀的生态价值。

2018年拍摄于大王镇

白尾鹞

白尾鹞属于国家二级重点保护动物。体长41—53厘米，雄鸟上体蓝灰色，头和胸较暗，翅尖黑色，尾上覆羽白色，腹、两胁翅下覆羽白色，飞翔时，从上面看，灰色的上体、白色的腰和黑色翅尖形成明显对比。

栖息于平原和低山丘陵地带，尤其是平原的湖泊、河谷、草原、林间沼泽和草地、沿海沼泽和芦苇塘等开阔地区。主要以小型鸟类、鼠类、蛙、蜥蜴和大型昆虫等动物性食物为食。在我国分布广泛，见于各省。在白洋淀为留鸟。

2020年拍摄于大王镇

大天鹅

大天鹅属于国家二级重点保护动物。体长1.2—1.6米，体重8—12千克，寿命20—25年。全身的羽毛均为雪白的颜色，雌雄同色，雌略较雄小，全身洁白，仅头稍沾棕黄色。虹膜暗褐色，嘴黑色，上嘴基部黄色。嘴端黑色。跗跖、蹼、爪亦为黑色。幼鸟全身灰褐色，头和颈部较暗，嘴基部粉红色，嘴端黑色。

栖息于开阔的、水生植物繁茂的浅水水域。主要以水生植物叶、茎、种子和根茎为食。分布于我国东北、内蒙古、新疆北部及华北一带，南方越冬。在白洋淀属于旅鸟。

2022年拍摄于藻苲淀

疣鼻天鹅

疣鼻天鹅属于国家二级重点保护动物。体长1.2—1.5米，浑身雪白，头顶至枕略沾淡棕色。眼先裸露，黑色。嘴基、嘴缘亦为黑色，其余嘴呈红色，前端稍淡，近肉桂色，嘴甲褐色，前额有突出的黑色疣状物。

主要在水中生活，常成对或呈家族群活动，有时亦集成大群，特别是冬季和换羽期间。主要以水生植物的叶、根、茎、芽和果实为食，也吃水藻和小型水生动物。分布于我国新疆中北部、青海柴达木盆地、甘肃西北和内蒙古、河北。在白洋淀为旅鸟。

2021年拍摄于孝义河湿地

短耳鸮

短耳鸮属于国家二级重点保护动物。体长 38—40 厘米，是黄褐色鸮鸟。翼长，面庞显著，短小的耳羽簇于野外不可见。上体黄褐，满布黑色和皮黄色纵纹。下皮黄色，具深褐色纵纹。飞行时黑色的腕斑显而易见。

栖息于低山、丘陵、苔原、荒漠、平原、沼泽、湖岸和草地等各类生境中。以小鼠、鸟类、昆虫和蛙类为食。在中国繁殖于内蒙古东部、黑龙江和辽宁，越冬时几乎见于全国各地。

2021 年拍摄于大王镇原西阳村

红隼

红隼属于国家二级重点保护动物。体长30—36厘米，头顶、后颈、颈侧蓝灰色，具纤细的黑色羽干纹。前额、眼周棕白色。背、肩和翅覆羽砖红色，具较为稀疏的似三角形的黑色斑块。腰和尾上覆羽蓝灰色，具纤细的灰褐色羽干纹。

栖息于山地森林、旷野灌丛草地、林缘、林间空地、疏林、河谷和农田等地区。以老鼠、雀形目鸟类、蛇等小型脊椎动物为食。中国各省份均有分布。在白洋淀为留鸟。

2019年拍摄于同口

普通鵟

普通鵟属于国家二级重点保护动物。体长 50—59 厘米，体色变化较大，上体主要为暗褐色，下体主要为暗褐色或淡褐色，具深棕色横斑或纵纹，尾淡灰褐色，具多道暗色横斑。

主要栖息于山地森林和林缘地带，从海拔 400 米的山脚阔叶林到 2000 米的混交林和针叶林地带均有分布。以森林鼠类为食。分布于欧亚大陆，往东到远东、朝鲜和日本。在白洋淀为留鸟。

2020 年拍摄于原西阳村

灰鹤

灰鹤属于国家二级保护动物。体长100—120厘米，颈、脚均甚长，全身羽毛大都灰色，头顶裸出皮肤鲜红色，眼后至颈侧有一灰白色纵带，脚黑色。

灰鹤栖息于平原、沼泽、湖泊等区域，以植物、软体动物等食物为食，白洋淀湿地为灰鹤提供了良好的栖息环境。在2021—2022年冬天，观测到大约600只灰鹤在此越冬。

2020年拍摄于孝义河流域

纵纹腹小鸮

纵纹腹小鸮属于国家二级重点保护动物。体长约 23 厘米，无耳羽簇。头顶平。浅色平眉及白色宽影纹。体褐色，具白纵纹及点斑。嘴角质黄色，脚白色，爪黑褐色。

栖息于低山丘陵、林缘灌丛和平原森林地带。通常夜晚出来活动，以昆虫和鼠类为食，也吃小鸟、蜥蜴、蛙类等小动物。分布于欧洲、非洲东北部、亚洲西部和中部。在中国分布于新疆、四川、西藏、甘肃、青海、北京、河北、山西、内蒙古、辽宁等地。在白洋淀为留鸟。

2022 年拍摄于杨孟庄大堤

大麻鳽

大麻鳽被列入国家林业局2000年8月1日发布的《国家保护的有益的或者有重要经济、科学研究价值的陆生野生动物名录》。体长64—78厘米，是一种体型大的涉禽。额、头顶和枕黑色，眉纹淡黄白色；背和肩主要为黑色，羽缘有锯齿状皮黄色斑，从而使背部表现为皮黄色而具粗著的黑色纵纹；其余上体部分和尾上覆羽皮黄色，具有黑色波浪状斑纹和黑斑。

栖息于河流、湖泊附近的芦苇丛中。伪装色效果非常好，受惊时竖立如芦苇，不易被发现。多晨昏活动。在芦苇丛中营巢。除青藏高原腹地外全国广泛分布，较常见。在白洋淀为夏候鸟，小部分在白洋淀越冬。

2020年拍摄于烧车淀

骨顶鸡

骨顶鸡属于国家“三有”保护动物，是白洋淀种群数量最多的水禽之一，属于中型游禽，体长约 40 厘米。头具白色额甲，翅短而圆，体羽为全黑或暗灰黑色，多数尾下覆羽为白色，趾间具瓣蹼。雌雄相似，雌鸟额甲较雄鸟小。栖息于有水生植物的大面积静水区域或近海水域。杂食性，主要以水生植物为食，也吃昆虫、软体动物等动物性食物。冬天大部分南迁，小部分仍在白洋淀活动。

2021 年拍摄于府河湿地

黑尾蜡嘴雀

黑尾蜡嘴雀被列入国家林业局2000年8月1日发布的《国家保护的有益的或者有重要经济、科学研究价值的陆生野生动物名录》。体长17—21厘米，嘴粗大、黄色。雄鸟头灰黑色，背、肩灰褐色，腰和尾上覆羽浅灰色，两翅和尾黑色，初级覆羽和外侧飞羽具白色端斑。雌鸟头灰褐色，背灰黄褐色，腰和尾上覆羽近银灰色，尾羽灰褐色、端部多为黑褐色。头两侧、喉部银灰色，其余下体淡灰褐色，腹和两胁沾橙黄色，其余同雄鸟。

栖息于低山和山脚平原地带的阔叶林、针阔叶混交林、次生林和人工林中，也出现于林缘疏林、河谷、果园、城市公园以及农田地边和庭院中的树上。在白洋淀为夏候鸟。

2022年拍摄于安新北堤大阳段

喜鹊

喜鹊被列入国家林业局2000年8月1日发布的《国家保护的有益的或者有重要经济、科学研究价值的陆生野生动物名录》。体长40—50厘米，雌雄羽色相似，头、颈、背至尾均为黑色，并自前向后分别呈现紫色、绿蓝色、绿色等光泽，双翅黑色，在翼尖有一大块白斑。

栖息地多样，常出没于人类活动地区，喜欢将巢筑在民宅旁的大树上。全年大多成对生活，杂食性。中国见于全国各地。除南美洲、大洋洲与南极洲外，几乎遍布世界各大陆。在白洋淀为留鸟。

2020年拍摄于大王淀

楔尾伯劳

楔尾伯劳被列入国家林业局 2000 年 8 月 1 日发布的《国家保护的有益的或者有重要经济、科学研究价值的陆生野生动物名录》。体长 25—32 厘米，喙强健具钩和齿，黑色贯眼纹明显，是伯劳中最大的个体。上体灰色，中央尾羽及飞羽黑色，翼表具大型白色翅斑。尾特长，凸形尾。

喜站在高的树冠顶枝上守候，伺机捕猎附近出现的猎物。食物主要为蝗虫、甲虫等昆虫和幼虫。分布于中国、蒙古、俄罗斯、朝鲜。在白洋淀为留鸟。

2018 年拍摄于烧车淀

红头潜鸭

红头潜鸭被列入国家林业局2000年8月1日发布的《国家保护的有益的或者有重要经济、科学研究价值的陆生野生动物名录》。体长42—49 厘米的中型鸭。雄鸟头、颈栗红色，胸、上背及尾上覆羽黑色，翼、两胁及下腹灰色。雌鸟头、颈至胸棕褐色，背灰褐色，两胁及下体灰色。

繁殖于欧亚大陆的中高纬度地区，越冬于北非、南亚、东亚南部至日本。国内繁殖于新疆及东北，迁徙时见于西部、中部、东北和华东大部，越冬于黄河、长江以南水域。栖息于水生植物茂密的河流、沼泽、水塘和湖泊，冬季集大群活动，常与其他潜鸭混群。在白洋淀为夏候鸟。

2021 年拍摄于烧车淀

红颈苇鹀

红颈苇鹀被列入国家林业局 2000 年 8 月 1 日发布的《国家保护的有益的或者有重要经济、科学研究价值的陆生野生动物名录》。体长 13—15 厘米。背、肩黑色而具长的栗色纵纹，小翅覆羽褐灰色，中覆羽、大覆羽黑褐色具宽的锈色羽缘。两翅飞羽和尾羽黑褐色，最外侧两对尾羽具楔状白斑。

栖息于邻近湿地的低山灌丛、湿生草甸和芦苇、沼泽等。集小群在地面或灌丛中活动。在白洋淀为冬候鸟。

2023 年拍摄于唐河安新流域

山鹛

山鹛被列入国家林业局2000年8月1日发布的《国家保护的有益的或者有重要经济、科学研究价值的陆生野生动物名录》。体长15—17厘米的大型而尾长的扇尾莺。头顶棕色，具黑色纵纹，深棕色的贯眼纹将灰色的眉纹同耳羽分隔。髭纹黑色，颏部、喉部及胸部白色，颈部及背部棕色具灰色及黑色纵纹。

在中国分布于华北至西北山区，为留鸟。常成对活动于中低海拔多灌丛地带，亦见于高草环境，冬季亦下迁至较低海拔地区。

2023年拍摄于唐河安新流域

红尾鸫

红尾鸫被列入国家林业局 2000 年 8 月 1 日发布的《国家保护的有益的或者有重要经济、科学研究价值的陆生野生动物名录》。体长 20—24 厘米。其脸、胸、腰红棕色，两胁和臀部具红棕色点斑，眼上可见白色或红棕色眉纹。起飞时，尾羽展开呈红棕色。

繁殖于开阔林地，越冬于开阔的林地、农田边缘、城市绿地等。迁徙及越冬时常集群活动，并会与其他鸫类混群。在地面觅食，走路与蹦跳相结合，也会在柏树等植物上取食种子。在白洋淀为留鸟。

2018 年拍摄于杨孟庄大堤

金翅雀

金翅雀被列入国家林业局2000年8月1日发布的《国家保护的有益的或者有重要经济、科学研究价值的陆生野生动物名录》。体长12—14厘米。雄鸟眼先和眼周灰黑色，头侧余部灰黄色，头顶至后颈灰色；中央尾羽黑褐色具灰白色羽缘和尖端；翼黑褐色缀黄绿色羽缘，初级飞羽基部金黄色，在翼上形成明显的大黄斑；下体橄榄黄色，腹中央较鲜艳，下腹较淡，尾下覆羽和翼下覆羽为鲜黄色。雌鸟似雄鸟但颜色偏暗淡，金黄色较少。

栖息于平原至山地的灌丛、森林及城市园林。常集群生活，冬季可集上百只的大群。飞行时可见清晰的黄色翼斑。在中国分布于除东北、新疆、西藏、海南外全国各地。在白洋淀为留鸟。

2018年拍摄于烧车淀

田鹀

田鹀被列入国家林业局 2000 年 8 月 1 日发布的《国家保护的有益的或者有重要经济、科学研究价值的陆生野生动物名录》。体长 13—15 厘米。头顶和面部均为黑色，有些羽端沾栗黄色；眉纹白色，有的个体眉纹沾土黄色；枕部多为白色，形成一块白斑；颧纹棕白色伸至颈侧；背羽中央有黑褐色纵纹，羽缘土黄色，其余羽毛具黄色狭缘。

迁徙及越冬时活动于平原至山麓的开阔杂草地、农耕地、杂木林及苗圃。常集小群活动，觅食于地面。性不惧人，停栖时常竖起冠羽。迁徙经东北、华北地区和新疆，越冬于华中、华东至华南地区，包括台湾，偶至云南。

2023 年拍摄于雄安郊野公园

苇鹀

苇鹀被列入国家林业局2000年8月1日发布的《国家保护的有益的或者有重要经济、科学研究价值的陆生野生动物名录》。体长13—15厘米。头顶、头侧、颏、喉一直到上胸中央黑色，其余下体乳白色，自下嘴基沿喉侧有一条白带，往后与胸侧和下体色相连，并在颈侧向背部延伸，在后形成一条宽阔的白色颈环，在黑色的头部极为醒目。

多栖息于平原沼泽及溪流旁的芦苇丛和灌丛中。常抓握住苇茎横立张望。为东部的旅鸟或冬候鸟，为西北地区的夏候鸟或旅鸟。在白洋淀较常见。

2022年拍摄于府河湿地

灰斑鸠

灰斑鸠被列入国家林业局 2000 年 8 月 1 日发布的《国家保护的有益的或者有重要经济、科学研究价值的陆生野生动物名录》。体长 25—34 厘米。上体自头至尾灰褐色，后颈有半环形黑领，外侧尾羽深灰色具阔的白色端斑，下体灰色，虹膜赤红色；嘴黑色；跗跖及趾暗红紫色，爪铅黑色。

栖息于开阔平原、村落、农田耕地、果园等环境，有时亦见于城市公园、低山丘陵等地带。除青藏高原外较广泛分布于我国各地，多为留鸟，常见于北方和西部地区，罕见于华东、华南。在白洋淀为留鸟。

2022 年拍摄于东垒头村

灰椋鸟

灰椋鸟被列入国家林业局2000年8月1日发布的《国家保护的有益的或者有重要经济、科学研究价值的陆生野生动物名录》。体长19—23厘米。活动于接近农田的开阔地区、矮草地、城市公园。集群活动，在地面行走觅食，会与其他鸟类混群。行时身体呈三角状。营巢于树洞内，并可以自行啄洞。

繁殖于东北、华北和西北东部，冬季有部分群体不迁徙，黄河以南主要为越冬个体，也有少量留鸟。

2018年拍摄于大田庄

北红尾鸲

北红尾鸲被列入国家林业局2000年8月1日发布的《国家保护的有益的或者有重要经济、科学研究价值的陆生野生动物名录》。体长13—15厘米。雄鸟头顶至背石板灰色，下背和两翅黑色，具明显的白色翅斑；腰、尾上覆羽和尾橙棕色；前额基部、头侧、颈侧、颏喉和上胸黑色，其余下体橙棕色。雌鸟上体橄榄褐色，眼圈微白，下体暗黄褐色，胸沾棕色，腹中部近白色。

繁殖于山区，活动于林缘、河谷、村庄附近等地，筑巢于岩缝、墙洞中。单独或成对活动，喜站在显眼的地方不停点头和抖尾，飞起啄食昆虫后常回到原栖处。见于除新疆外的西北地区，越冬于西南地区；在长江以南为冬候鸟，以北为旅鸟或夏候鸟、留鸟，分布区内常见。在白洋淀为留鸟。

2020年拍摄于关城村西大堤

海鸥

海鸥被列入国家林业局2000年8月1日发布的《国家保护的有益的或者有重要经济、科学研究价值的陆生野生动物名录》。体长38—52厘米。体粗壮、脚具蹼。成鸟大多为灰或白色，头部有各异的斑点。繁殖期头部或纯白，或全黑、全灰或全褐；冬季头部出现条纹或不清晰的斑点。喙坚硬，略呈钩状，有些种还具一个色斑。

适应各种湿地环境，通常出现于海岸地带，但在内陆湖泊也可见到。成对或集小群活动，飞行流畅，振翅充分。在白洋淀为旅鸟。

2023年拍摄于唐河安新流域

黑水鸡

黑水鸡被列入国家林业局2000年8月1日发布的《国家保护的有益的或者有重要经济、科学研究价值的陆生野生动物名录》。黑水鸡又名红骨顶、红冠水鸡。栖息于富有芦苇和水生挺水植物的淡水湿地、沼泽、湖泊、水库、苇塘、水渠和水稻田中。黑水鸡主要吃水生植物嫩叶、幼芽、根茎以及水生昆虫等。它白天活动和觅食，主要沿水生植物边上游泳，仔细搜查和啄食叶、茎上的昆虫或落入水中的昆虫，有时也在水边浅水处涉水取食。

它是白洋淀常见的候鸟之一，因鲜艳醒目的红色额甲而得名，俗称“黑水鸡”。黑水鸡是中型游禽，通常腿、趾细长，有后趾，用来在漂浮的植物上行走，趾两侧延伸成瓣蹼用来游泳。在白洋淀为留鸟。

2021年拍摄于大田庄

白鹡鸰

白鹡鸰被列入国家林业局 2000 年 8 月 1 日发布的《国家保护的有益的或者有重要经济、科学研究价值的陆生野生动物名录》。体长 17—20 厘米。额头顶前部和脸白色，头顶后部、枕和后颈黑色。背、肩黑色或灰色，飞羽黑色。翅上小覆羽灰色或黑色，中覆羽、大覆羽白色或尖端白色，在翅上形成明显的白色翅斑。

能适应多种生境，但更喜栖息于水边。行呈波浪状，受到惊吓起飞时会边飞边叫，很少飞到高空中。迁徙或越冬时可集上百只的大群，迁徙集群时晚上会在树上栖息。在白洋淀为夏候鸟。

2021 年拍摄于端村

斑嘴鸭

斑嘴鸭被列入国家林业局 2000 年 8 月 1 日发布的《国家保护的有益的或者有重要经济、科学研究价值的陆生野生动物名录》。体长约 60 厘米。雄鸭从额至枕棕褐色，从嘴基经眼至耳区有一棕褐色纹；眉纹淡黄白色；眼先、颊、颈侧、颏、喉均呈淡黄白色，并缀有暗褐色斑点。雌鸭上体后部较淡，下体自胸以下均淡白色，杂以暗褐色斑；嘴端黄斑不明显。

常集小群活动，冬季也会集数百只的大群。繁殖期雄鸟会守护孵卵的雌鸟，并协助保护雏鸟。全国性常见。在白洋淀属于数量最多的野鸭之一，大部分迁徙到南方越冬。在白洋淀为夏候鸟。少部分在未结冰的水面越冬。

2020 年拍摄于府河湿地

绿头鸭

绿头鸭被列入国家林业局 2000 年 8 月 1 日发布的《国家保护的有益的或者有重要经济、科学研究价值的陆生野生动物名录》。体长 50—60 厘米的较大型鸭。雄鸟头颈墨绿色而泛金属光泽，具白色细颈环和栗红色胸部，其余体羽灰白色，翼镜蓝紫色，尾羽白色，尾下覆羽黑色，尾上的黑色羽毛上卷。雌鸟全身黄褐色而有斑驳褐色条纹，两肋和上背具鳞状斑，有深褐色贯眼纹，翼镜蓝紫色。

国内繁殖于西北、东北、华北和西部高原地区，越冬于沿海地区、黄河流域及以南。冬季多成群活动于淡水湖泊、河流、水库、沼泽和河口地带。在白洋淀是较为常见的夏候鸟，少部分在未结冰的水面越冬。

2020 年拍摄于孝义河湿地

爱鸟护鸟倡议书

鸟是是人类亲密的朋友，是翱翔蓝天的精灵。保护鸟类就是保护我们自己，爱鸟护鸟是人与自然和谐的重要体现。

雄安新区成立以来，白洋淀经历了有史以来最大规模的环境整治。水清了，天蓝了，越来越多的鸟儿来白洋淀繁衍生息。白洋淀野生鸟类增加至286种，较雄安新区设立前增加了80种，其中国家一级保护鸟类13种，国家二级保护鸟类51种。国家“三有”和其他级别鸟类222种。保护鸟类，人人有责。在此，安新县政协发出倡议：

一、遵守保护鸟类的法律、法规，积极宣传爱鸟、护鸟的重要意义，引导广大群众自觉加入到保护鸟类的行动中来。

二、保护好鸟类的自然栖息地，不破坏鸟类的生态环境，让鸟儿有一个温馨的家。

三、保护鸟类，让它们有一个自由的天空，不要笼养野生鸟类，更不能掏鸟窝、拾鸟蛋、捕杀鸟类。

四、拒食野鸟等野生动物，并劝诫亲朋好友不食用野生动物。

五、发现受伤的鸟类或者其他野生动物，及时送至救助部门进行救治。

六、配合相关部门，制止捕杀动物的不法行为，发现伤害、贩卖野生动物的行为及时向相关部门举报。